Mis primeras palabras científicas

Palabras para la Tierra

Un libro de El Semillero de Crabtree

De Taylor Farley
y Pablo de la Vega

CRABTREE
PUBLISHING COMPANY
WWW.CRABTREEBOOKS.COM

desierto

montaña

volcán

cañón

océano

isla

río

bosque

lago

pradera

Glosario

bosque: Un bosque es un área grande cubierta de árboles y plantas.

cañón: Un cañón es un valle profundo y estrecho enmarcado por pendientes muy pronunciadas.

desierto: Un desierto es un área seca donde llueve poco o nada.

isla: Una isla es un pedazo de tierra firme rodeada de agua.

lago: Un lago es un gran cuerpo de agua rodeado de tierra firme.

montaña: Una montaña es un pedazo de tierra muy alto.

océano: Un océano es un cuerpo de agua salada.

pradera: Una pradera es un área grande de pastizales que no tiene árboles.

río: Un río es un cuerpo largo de agua dulce que llega hasta un lago o un océano.

volcán: Un volcán es una montaña que tiene aberturas desde las que a veces salen lava, cenizas y gas.

Apoyos de la escuela a los hogares para cuidadores y maestros

Los libros de El Semillero de Crabtree ayudan a los niños a crecer al permitirles practicar la lectura. Las siguientes son algunas preguntas de guía que ayudan a los lectores a construir sus habilidades de comprensión. Algunas posibles respuestas están incluidas.

Antes de leer:

- **¿De qué piensas que tratará este libro?** Pienso que este libro tratará sobre lugares en la Tierra. En la tapa veo un bosque, un volcán, una isla, un río y una montaña.
- **¿Qué quiero aprender sobre este tema?** Quiero conocer más lugares en la Tierra. ¿Cómo son?

Durante la lectura:

- **Me pregunto por qué...** Me pregunto por qué los desiertos tienen rocas enormes de distintas formas. Algunas son planas y otras son puntiagudas.
- **¿Qué he aprendido hasta ahora?** Aprendí las palabras desierto, cañón, océano, lago y pradera. El cañón parece muy profundo. La pradera se ve muy plana.

Después de leer:

- **¿Qué detalles aprendí de este tema?** Aprendí que un río puede tener una forma sinuosa. Es diferente del río recto que hay en mi comunidad.
- **Lee el libro de nuevo y busca las palabras del vocabulario.** Veo la palabra *cañón* en la página 8 y la palabra *pradera* en la página 20. Las demás palabras del vocabulario están en las páginas 22 y 23.

Library and Archives Canada Cataloguing in Publication

Title: Palabras para la Tierra / de Taylor Farley y Pablo de la Vega.
Other titles: Earth words. Spanish
Names: Farley, Taylor, author. | Vega, Pablo de la, translator.
Description: Series statement: Mis primeras palabras científicas | Translation of: Earth words. |
Translated by Pablo de la Vega. | "Un libro de el semillero de Crabtree". | Text in Spanish.
Identifiers: Canadiana (print) 20200416049 | Canadiana (ebook) 20200416057 | ISBN 9781427132338
(hardcover) | ISBN 9781427132383 (softcover) | ISBN 9781427132437 (HTML) | ISBN 9781427135735
(read-along ebook)
Subjects: LCSH: Earth (Planet)—Juvenile literature. | LCSH: Earth sciences—Terminology—Juvenile
literature.
Classification: LCC QB631.4 .F3718 2021 | DDC j525—dc23

Library of Congress Cataloging-in-Publication Data

Names: Farley, Taylor, author.
Title: Palabras para la tierra / de Taylor Farley y Pablo de la Vega.
Other titles: Earth words. Spanish
Description: New York : Crabtree Publishing, 2021. | Series: Mis primeras palabras científicas - un libro de el semillero de Crabtree | Includes index. | Audience: Ages 4-6 | Audience: Grades K-1 | Summary: "This book builds beginning vocabulary about Earth science. Extremely helpful for elementary science preparation, eight words combine with a visual depiction so readers can see what the word means"-- Provided by publisher.
Identifiers: LCCN 2020056173 (print) | LCCN 2020056174 (ebook) | ISBN 9781427132338 (hardcover) | ISBN 9781427132383 (paperback) | ISBN 9781427132437 (ebook) | ISBN 9781427135735 (ePub)
Subjects: LCSH: Earth (Planet)--Juvenile literature. | Planets--Juvenile literature.
Classification: LCC QB661 .F3718 2021 (print) | LCC QB661 (ebook) | DDC 550--dc23
LC record available at https://lccn.loc.gov/2020056173
LC ebook record available at https://lccn.loc.gov/2020056174

Crabtree Publishing Company
www.crabtreebooks.com 1-800-387-7650

Written by Taylor Farley
Production coordinator and Prepress technician: Samara Parent
Print coordinator: Katherine Berti
Translation to Spanish: Pablo de la Vega
Edition in Spanish: Base Tres

Print book version produced jointly with Blue Door Education in 2021

Printed in the U.S.A./022021/CG20201215

Photo credits: All illustrations by aekikuis; page 3 © Shutterstock.com /Angelo Ferraris; cover and page 5 © Shutterstock.com /Taras Kushnir; cover and page 7 © Shutterstock.com /Fotos593; page 9 © Shutterstock.com /Galyna Andrushko, page 11 © Shutterstock.com /TouchingPixel; page 13 © Shutterstock.com /Vibrant Image Studio; page 17 © Shutterstock.com /Olga Danylenko, page 15 © Ken Backer | Dreamstime.com, page 19 ©istock.com/ skiserge1, page 21 ©istock.com/ SharonDay

Published in Canada
Crabtree Publishing
616 Welland Ave.
St. Catharines, Ontario
L2M 5V6

Published in the United States
Crabtree Publishing
347 Fifth Ave.
Suite 1402-145
New York, NY 10016

Published in the United Kingdom
Crabtree Publishing
Maritime House
Basin Road North, Hove
BN41 1WR

Published in Australia
Crabtree Publishing
Unit 3 – 5 Currumbin Court
Capalaba
QLD 4157